卷卷爷爷的科考日志

去看看！我们的国家公园

· 大熊猫国家公园 ·

上尚印象 / 著绘

中信出版集团 | 北京

图书在版编目（CIP）数据

去看看！我们的国家公园．大熊猫国家公园 / 上尚印象著绘．-- 北京：中信出版社，2023.7
（卷卷爷爷的科考日志）
ISBN 978-7-5217-5595-4

Ⅰ．①去… Ⅱ．①上… Ⅲ．①大熊猫－国家公园－科学考察－中国－少儿读物 Ⅳ．① S759.992-49

中国国家版本馆 CIP 数据核字（2023）第 062887 号

去看看！我们的国家公园　大熊猫国家公园
（卷卷爷爷的科考日志）

著　　绘：上尚印象
出版发行：中信出版集团股份有限公司
（北京市朝阳区东三环北路27号嘉铭中心　邮编　100020）
承 印 者：北京联兴盛业印刷股份有限公司

开　　本：787mm × 1092mm　1/12　　印　　张：4　　字　　数：75千字
版　　次：2023年7月第1版　　印　　次：2023年7月第1次印刷
书　　号：ISBN 978-7-5217-5595-4
定　　价：24.00元

出　　品：中信儿童书店
图书策划：喜阅童书
策划编辑：朱启铭　由　蕾　史曼菲
责任编辑：李跃娜
营销编辑：孙雨露　张　琛　李　彤
装帧设计：上尚印象　谢佳静

前言

2021 年 10 月，我国首批国家公园名单正式公布，国家公园这个概念开始走进大家的视野。简单地说，国家公园是我们国家最高级别的自然保护区，它能为生态旅游、科学研究和自然教育提供场所。

“幅员辽阔，地大物博”是对我们国家的形容，每个人都听说过，但在孩子的心中，对这样的形容很难有一个准确的概念。看过“卷卷爷爷的科考日志”系列绘本后，孩子会发现，我们的国家有多种类型的生态系统、壮丽的自然景观、丰富的动植物资源，那么“幅员辽阔，地大物博”在孩子心中自然能呈现出一幅生动立体的美丽画卷。

卷卷爷爷和卷卷是上尚印象团队的原创人物，卷卷爷爷是一位见多识广、和蔼可亲的老爷爷，卷卷是一个聪明调皮的小朋友。翻开这套书，就仿佛跟着卷卷爷爷的步伐一起去看世界，或是和卷卷一起聆听爷爷讲故事。

这是一套有趣的自然科普绘本，涵盖内容非常广泛。用童真可爱的画面、生动有趣的文字介绍了丰富多样的生态系统、珍稀的野生动植物、令人惊叹的自然景观、原始独特的民俗文化，其中还融入了趣味十足的自然科普知识，以及环境保护、人与自然的关系等很多值得思考的命题。

现如今，自然教育越来越被大家所重视，国家公园设立的目的之一也是提供自然教育的场所，让人们能够直接走进大自然，与大自然面对面地交流。上尚印象团队希望能以科普绘本为起点，让孩子自由快乐地拥抱自然。

童书能够帮助孩子认识世界，对孩子的成长有很重要的作用。热爱与真诚是上尚印象团队永恒的力量，我们愿意从孩子的角度出发，聆听孩子的需求和愿望，用心钻研每一个细节，为孩子呈现最有价值的童书。

宋超

-目录-

卷卷

卷卷是一名小学二年级的学生，因为有一头卷卷的头发，所以名字叫卷卷。卷卷热爱自然，喜欢提问，喜欢扮演小动物，喜欢听探险家爷爷讲曾经的探险经历，和爷爷共同整理科考手记。

卷卷爷爷

卷卷爷爷一直行走在科学考察的路上，一边考察，一边以手记的形式做记录。近年来，他开始整理科考手记，希望能够把科考时的所见所闻整理成“卷卷爷爷的科考日志”系列图书，让更多的人了解他曾去过的地方，呼吁人们保护自然、敬畏自然，对世界永远保持好奇心。

大耳怪

大耳怪是一只呆萌可爱的腊肠狗，喜欢和卷卷一起玩，也喜欢跳到爷爷身上。大耳怪是卷卷的好朋友，也是爷爷的小宝贝。当爷爷说起探险经历时，它会和卷卷一起静静地听。但事实上，没有人知道它到底能不能听懂这些话。

卷卷爷爷是一位生物学家、地质学家、探险家。他年轻时去过很多地方，并将自己的所见所闻以手记的形式进行了详细的记录。2021 年 10 月，我国第一批国家公园名单正式公布后，卷卷爷爷以五个国家公园为主题，开始整理自己的科考手记，最终形成了“卷卷爷爷的科考日志”系列图书。卷卷爷爷的目的是帮助更多的人了解我国的国家公园，期待公园内的动植物、自然景观、生态环境等都得到更好的保护和修复。卷卷看到爷爷的科考日志后，提出了很多疑问，于是爷爷开始讲述过去的经历。

卷卷听爷爷讲科考经历时总是特别开心。这天整理书架时，卷卷发现原来一直想看的“大熊猫科考日志”就在自己的房间里，于是迫不及待地提出疑问……

想起那段科考的日子真是收获满满啊！我不仅第一次近距离观察了大熊猫，还对其他动植物也有了了解，现在就一起来翻翻日志吧！

卷卷爷爷的科考路线

大熊猫国家公园包括四川蜂桶寨国家级自然保护区、四川卧龙国家级自然保护区等多个国家级自然保护区。各个国家级自然保护区风光无限、各具特色，使大熊猫国家公园变得更有魅力。

四川蜂桶寨国家级自然保护区

第 14~17 页

四川蜂桶寨国家级自然保护区是孑遗生物大熊猫的故乡，也是世界上第一只大熊猫被发现的地方，这里以原生态的景色闻名。

陕西太白山国家级自然保护区保存着较为完整的第四纪古冰川地貌，被誉为秦岭崛起的“绿色明珠”。

陕西太白山国家级自然保护区

第 28~31 页

四川卧龙国家级自然保护区

第 20~23 页

四川卧龙国家级自然保护区是我国建立的第一个国家级大熊猫自然保护区，被列为国际生物圈保护区。

四川唐家河国家级自然保护区

第 24~27 页

四川唐家河国家级自然保护区不仅是扭角羚和血雉等珍稀动物的“生命家园”，还有着丰富的文化遗迹，神秘的摩天岭在此见证着时代的变迁。

甘肃白水江国家级自然保护区是甘肃省珍稀濒危植物分布最密集的地区，也是甘肃省唯一能够看到北亚热带生物的自然景观区。

甘肃白水江国家级自然保护区

第 36~39 页

陕西佛坪国家级自然保护区

第 32~35 页

陕西佛坪国家级自然保护区为呆萌可爱的红白鼯鼠和众多野生动植物提供了一片优越舒适的乐土，这里还发现了十分罕见的棕色大熊猫。

大熊猫国家公园

大熊猫国家公园地跨四川、陕西、甘肃三省，总面积约是 2.7 万平方千米。在这里，野生大熊猫的数量占全国总数的 70% 以上，所以说大熊猫国家公园是“国宝”大熊猫生存和栖息的重要家园。

复杂多变的气候

公园的气候相对湿润，随着海拔的升高，气温也会发生变化。在海拔 2500~3800 米的地方，箭竹生长茂盛，为大熊猫提供了丰富的食物。由于地势复杂，公园局部还会形成多变的小气候。

高低错落的地势

公园地处多个山系，地势高低不平，落差很大。深幽的河谷、高耸的山峰、崎岖的地表，让人看了望而却步。

短且直的水系

园区内的河流来自长江和黄河流域的多个水系，具有短、直的特点，因山坡陡峭，河道自然落差大，在这里你能观赏到美丽的瀑布和神秘的险滩。

爷爷的科考日志

伞护种

人类在进行动植物保护工作时会选择一个生存环境可以涵盖其他物种生存需求的目标物种，这样在对目标物种进行保护的同时相当于也保护了其他物种。这种被选出来的代表物种就是“伞护种”。得到“生态保护伞”庇护的动植物就成了幸运儿，不用再经常为了生存环境而发愁啦。

珍稀动植物的王国

园区像是一座由大自然为野生动植物精心建造的王国，这里不仅生长着珙桐、金露梅、细枝绣线菊等珍稀植物，同时少不了许多国家重点保护动物的身影：林麝、黑鹳在水边嬉戏，可爱的大熊猫满地打滚。

中国“国宝”大熊猫

大熊猫在地球上生存至少 800 万年了，不仅是动物世界的“活化石”，更被誉为我国的“国宝”。圆滚滚的可爱外形让它们收获了大批忠实粉丝。

“表里不一”的大熊猫

大熊猫顶着两个大大的黑眼圈，好像总是一副睡不醒的样子。它的毛色黑白相间，体形肥硕圆润，看起来憨厚呆萌，但你可千万别觉得它行动笨拙。事实上，锋利的爪子和有力的前后肢会帮助大熊猫轻松地爬上树。

大熊猫的多种习性

除了进食以外，大熊猫大部分时间都在躺着，侧躺、俯卧，或是把自己蜷缩成一团。大熊猫喜欢爬树，所以它也会把树干当作床，有时还会在上面用手遮住眼睛睡觉。进入甜甜梦乡的大熊猫看起来非常可爱。

大熊猫喜欢玩闹嬉戏，有时也会化身树上的“侦察员”，小心翼翼地观测“敌情”，以逃避危险。大熊猫格外喜欢玩圆形的东西。

大熊猫在成为妈妈以后会变得格外警惕，总担心别人伤害自己的小宝宝，就算是你出于关怀想靠近它们，熊猫妈妈也会生气地对你张牙舞爪。

大熊猫嬉闹玩耍累了，会稍作休息，暂时放松一下。它们经常在睡醒后前半身向前伸直，后半身抬起，像猫一样伸懒腰；在过河时皮毛被水沾湿后会不断抖掉身上的水，动作又像狗。

大熊猫也能互相串门

九鼎山和虎牙是岷山山系的两个重要区域。在大熊猫国家公园茂县土地岭片区有一条结合大熊猫虎牙种群和大熊猫九鼎山种群的生态廊道。有了生态廊道，大熊猫们就可以南北往来，拜访自己的亲朋好友啦。

野生大熊猫是杂食性动物，最爱吃的食物是竹子，但有时候也会吃一些野花、藤蔓、野草、蜂蜜，甚至是肉。

动物的“朋友圈”——生态廊道

人工建造的生态廊道是人们为了解决自然资源被破坏的问题，对野生动物栖息地进行保护形成的通道。在这里，动物们可以再次建立“朋友圈”，开启热闹的“群聊”生活。

我看到动物园里的大熊猫总是抱着竹子吃，它们只吃竹子吗？

大熊猫最后的栖息地

数十万年前，北至北京周口店，南抵越南、缅甸，都曾是大熊猫生活的广阔天地。而如今，它们的栖息地一缩再缩，大相岭、小相岭、凉山、秦岭、邛崃山、岷山成为大熊猫在地球上最后的家园。

大相岭、小相岭

从西边的二郎山，到东边的峨眉山，这一段山脉都属于大相岭。这里是古代的交通要道，古代中西贸易通道“南方丝绸之路”就取道于此。小相岭绵延百千米，它的最高峰俄尔则俄峰，被彝族人认为是神龙出没的冰雪之峰。

凉山

在四川盆地与云贵高原之间屹立的正是凉山。古代“南方丝绸之路”的“蜀身毒道”和“灵关古道”在崇山峻岭中蜿蜒盘旋，现在这里的道路已建得四通八达。

邛崃山

邛崃山将岷江和大渡河分隔开来，同时也区分了四川盆地和青藏高原。它的最高峰四姑娘山幺妹峰海拔 6250 米，人称“蜀山皇后”“东方圣山”。

爷爷的科考日志

山脉中的熊猫家园

现如今，大熊猫活动区域不到我国国土面积的 0.3%。这些地方竹子生长良好，气温相对稳定，为大熊猫生存提供了良好的条件。

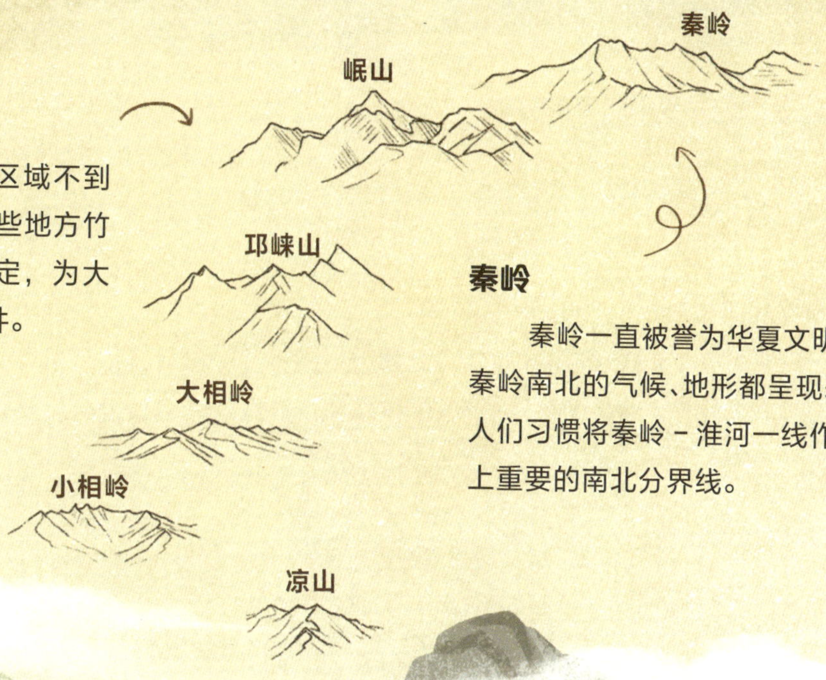

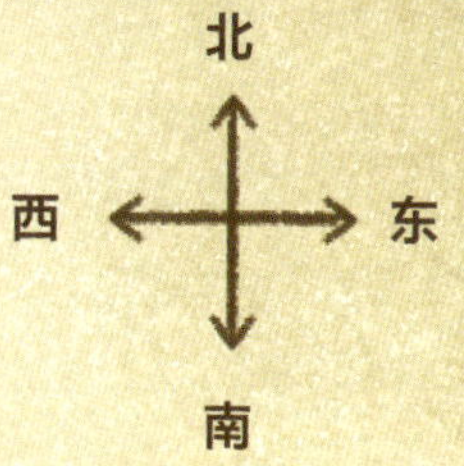

秦岭

秦岭一直被誉为华夏文明的“龙脉”。秦岭南北的气候、地形都呈现差异性变化。人们习惯将秦岭－淮河一线作为中国地理上重要的南北分界线。

岷山

岷山从南到北蜿蜒 500 多千米，所以号称“千里岷山”。在它高耸的山脊上，海拔超过 4500 米的山峰多达 20 余座，最高峰雪宝顶海拔 5588 米，终年白雪皑皑。

会“变身”的陆地水

陆地水是水资源的主要组成部分，当受到地形、气候等因素的影响后会汇集成河流、湖泊等。我们看到的河流、湖泊等都属于陆地水。

美丽的泸沽湖

泸沽湖在川滇之间，被群山牢牢地环抱在中央，像一块马蹄状的明镜。这里全年大部分时间都被阳光笼罩，风清气爽，令人神往。

爷爷的科考日志

钙华是怎样形成的?

水在地下流动时会流经石灰岩，石灰岩中的主要成分碳酸钙会与水及水中的二氧化碳反应生成可溶于水的物质。在地下水流向地表的过程中，水中的二氧化碳减少，碳酸钙又会重新析出，又受气候、地质地貌、水动力条件等多种因素影响，形成“钙华”。

深不可测的大渡河峡谷

大渡河峡谷两侧绝壁千仞，比以深度闻名的科罗拉多大峡谷还要深。进入峡谷的大渡河仿若一条巨龙，惊涛拍岸的轰鸣声响彻整个峡谷。这样的奇景是地壳 10 多亿年来运动的结果。

雄伟壮观的诺日朗瀑布

诺日朗在藏语中意为“伟岸高大”，顾名思义，诺日朗瀑布就是雄伟壮观的瀑布。春秋时节，九寨沟景区内的诺日朗瀑布像一幅色彩浓重的油画。电视剧《西游记》就曾在这里取景。诺日朗瀑布属于典型的钙华瀑布。

四川蜂桶寨国家级自然保护区

四川蜂桶寨国家级自然保护区位于四川省雅安市宝兴县境内，在这片神秘的土地发现了众多孑遗生物，世界首只大熊猫也是在这里被发现的。

宁静祥和的美景

在保护区，你可以看到林麝三两结伴，在草地上大快朵颐。“春光天使”宝兴报春花在林间悄然绽放，静静吐着芬芳，呈现出一派欣欣向荣的景象。

唯美原始的神木垒

神木垒在藏语里意思是“神仙玩耍的地方”。作为夹金山风景名胜区的重要组成部分，这里的高原草甸和原始森林一望无垠，走在这里，就如同置身于空气清新的天然氧吧之中。

爷爷的科考日志

孑遗生物和"活化石"

孑遗生物指过去非常繁盛，分布广泛，而现在只存在很小范围内，有灭绝风险的古老生物。它与"活化石"的区别在于，属"活化石"的现生生物可能未出现灭绝趋势。简单来说，孑遗生物一定是"活化石"，但"活化石"不一定是孑遗生物。

储矿丰富的锅巴岩

锅巴岩像一块洁白晶莹的巨大玉石镶嵌在蜂桶寨保护区和夹金山之间，著名的"宝兴白"大理石就产自这里。这种大理石质地细腻、剔透无瑕，用它雕刻出的工艺品畅销国内外。

"长征万里险，最忆夹金山"

夹金山地势陡峭，危岩高耸，是红军长征途中翻越的第一座大雪山。当地民谣用"要想越过夹金山，除非神仙到人间"来形容夹金山的恶劣环境。

保护区中的珍稀“居民”

四川蜂桶寨国家级自然保护区是当之无愧的“新种宝藏”地，科学家在这里先后发现了多种之前未被发现的罕见动植物并为之进行了命名，例如大熊猫、珙桐等，这些珍稀“居民”也终于拥有了自己的名字。

“熊猫乐园”邓池沟

邓池沟是世界第一只大熊猫的发现地，也是四川西部大熊猫生态旅游的重要景区。这里有为大熊猫建立的“熊猫乐园”，两只大熊猫“川星”和“梦希”就住在这里。我们在此可以近距离地看到毛茸茸、圆滚滚的大熊猫的真实状态。

爷爷的科考日志

小熊猫

小熊猫喜欢在清晨或黄昏觅食。如果白天没看到它们也不要觉得奇怪，因为它们可能正在洞中睡觉。

画眉

画眉叫声婉转，被称为“林中歌手”。它们会通过藏匿粮食的行为向山民“报信”，传递雪天来临的信息。

画眉的蛋

画眉鸟的蛋看上去很特别，呈明亮的天蓝色。画眉鸟常在隐蔽的灌丛中安家，所以想找到它们的巢可要费点功夫。

珙桐

珙桐花序基部有 2 片苞片，从初始到凋谢色彩多变，远看酷似展翅飞翔的白鸽，因此珙桐也叫“鸽子树”。

贴近自然的美丽景色

保护区内四季景色各具特点，魅力无穷，春季林中溪水潺潺，夏季草木葱郁，秋季红叶似火，冬季的雪山和森林置于天地间，仿佛触手可及。

第一只大熊猫发现记

1869 年，法国人阿尔芒·戴维在现在的中国四川省雅安市宝兴县的邓池沟发现了世界上第一只大熊猫。

❶ 一天，戴维去一户人家里做客，被墙上挂的一张动物毛皮深深吸引了。

❷ 不久后，猎手捕到一只活的“花熊”送给了戴维。

❸ 令人惋惜的是，这只“黑白熊”在运送途中就奄奄一息了。

❹ 戴维只好将做成标本的“黑白熊”送到法国博物馆展出。

熊猫外交

憨态可掬的大熊猫不仅萌化了国人的心，世界各地也都有它们的超级粉丝。作为和平友谊的象征，它们曾多次出国担任友好使者，成就了“熊猫外交”的美名。

和平外交使者

1972 年 2 月，美国总统尼克松访华，为了促进中美关系，中国政府宣布将大熊猫“玲玲”和“兴兴”赠送给美国人民。

受到热烈欢迎

“玲玲”和“兴兴”1972 年 4 月到达美国以后，顺利入住了华盛顿国家动物园。即使入住当天大雨倾盆，也浇不灭美国人民欢迎它们的热情。这次的“熊猫外交”非常成功。

世界自然基金会（WWF）会徽原型

“碛碛”是一只作为国礼送给苏联的大熊猫，两年后“碛碛”回国，改名“姬姬”。它还是世界自然基金会会徽设计的原型。

从雅安到世界

雅安地区与大熊猫有着非常紧密的联系，自新中国成立以后，先后向国家提供了 100 多只大熊猫，甚至有些以和平友好使者的身份前往国外做客。

四川卧龙国家级自然保护区

四川卧龙国家级自然保护区位于四川省汶川县西南，距成都西北百余千米，是我国建立的第一个国家级大熊猫自然保护区。受自然条件影响，这里形成了亚热带、寒温带、高寒带等不同的垂直气候带，随着海拔升高，气候变化明显，自然景色大不相同。在这里，你可以观赏到不一样的自然风貌。

高山深谷的地貌形态

卧龙国家级自然保护区地貌以高山深谷为主，雄伟的山峰就像筑起了一道天然屏障。

丰沛独立的树状河流

保护区内的主要河流有皮条河等，水系相对独立，河流的分支像树杈，蔓延至保护区的各个地带。

爷爷的科考日志

垭口

垭口指的是高大山岭之间呈马鞍状的明显下凹处，常处于地势平坦且相对较低的位置，这里风会特别大。一般探险者或附近的居民只要翻过垭口，就能用最短的时间通过最省力的路进出山。

邓生沟 > 邓生沟是卧龙国家级自然保护区内的一条沟谷，这里保持了古生态的高原环境，原始和安详是它最大的魅力。

三道垭口 > 三道垭口位于巴朗山，这里云雾缥缈，雪山连绵，因为少有人至，所以完好地保留了大自然的原始风貌。

中国卧龙大熊猫博物馆 > 中国卧龙大熊猫博物馆像一本记载大熊猫的“百科全书”，翻开它就像是揭开了大熊猫不为人知的秘密。

起源古老的保护区动植物

卧龙国家级自然保护区有丰富的自然植被和动物群落，还有历史悠久的孑遗生物。全球第一个野生大熊猫寻踪科考胜地熊猫沟就位于这里，这里被誉为“熊猫之乡”。

保护区的奇特景色

卧龙国家级自然保护区像是被大自然施了魔法，不同海拔的景观具有不同的魅力，在山脚还是草木深深的时候，山顶已是白雪皑皑。

爷爷的科考日志

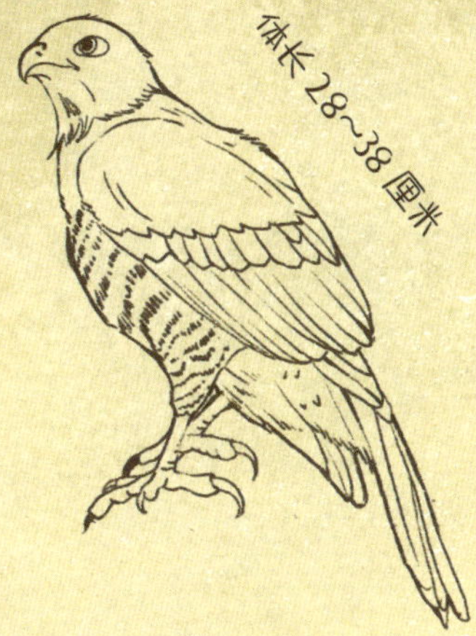

松雀鹰

松雀鹰是“独行王者”，身上布满了褐色或棕红色斑纹，张开翅膀的时候好像一架滑翔机。松雀鹰的捕食能力非同一般，小鸟、鼠类等都可以被它轻松地收入囊中当作食物。

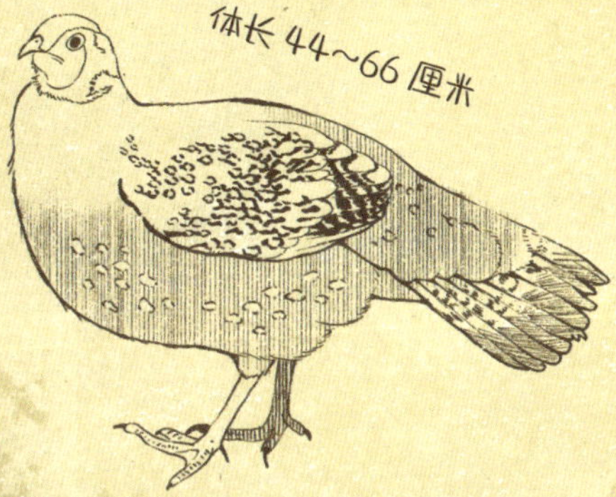

红腹角雉

雄性红腹角雉的羽毛鲜艳绚丽，乌黑的羽冠两侧长着一对美丽精巧的蓝色肉质角，繁殖期时喉下肉裙会膨胀变大数倍，上面的红色条纹形似繁体的“寿”字，所以常被人们视为长寿和好运的象征。

白臀鹿

白臀鹿是马鹿的川西亚种，属于大型鹿，雄性有角，雌性无角。白臀鹿几乎整个臀部都被黄白色斑覆盖，像是坐在白色染缸里染的。它既是奔跑能手，又是游泳健将。

丰富的植物

卧龙国家级自然保护区是四川省药材的重要产区。这里还为植物研究提供了样本，卧龙无柱兰就是在保护区内发现的一个新物种。

古老生物的家园

保护区由于受到古地理、古气候等因素的影响，使众多珍稀生物在这里找到了适宜的栖息地，白臀鹿和红腹角雉互相打着招呼，站在林间的松雀鹰好像高高在上的国王。

四川唐家河国家级自然保护区

四川唐家河国家级自然保护区是大熊猫的核心栖息地，被誉为“生命家园”和岷山山系的“绿色明珠”。这里自然生态系统完整，还有美丽的野生紫荆花谷。

和谐共生的动植物

保护区内动植物的生存环境优美，好像万物都具有灵气，我们可以看到黄麂在树下与金黄的落叶为伴，好像在感谢千年银杏的庇护。

走进保护区的生物世界

四川唐家河国家级自然保护区是“天然基因库”。这里四季分明，春天景色尤其迷人，山间小溪成片，瀑布成群，水资源丰富，生活着珍稀奇特的四川羚牛和美丽高贵的血雉。

四川羚牛

羚牛也叫扭角羚，其亚种四川羚牛为中国特有，一对粗粝的角是它保护自己的有力武器。它体形大而粗壮，皮毛蓬松，像是把一条厚厚的毛毯披在了身上。四川羚牛常出没在高寒的森林和山顶草甸。

黄麂

黄麂，又称小麂，属于小型鹿类，胆小易受惊，因此只在熟悉的环境活动。黄麂的听觉非常敏锐，遇到危险时，它会猛地钻到茂密的丛林里躲避，完美印证了“打不过就跑”的策略。

血雉

血雉因雄鸟的部分羽毛和脚、趾呈红色而得名。它们喜欢热闹地群体出行，活动时常由雄鸟担任警卫，发生异常情况时警卫会尽职尽责地发出信号，这样其他同伴就能迅速做出反应，躲藏起来。

源远流长的唐家河遗迹

来到四川唐家河国家级自然保护区，不仅可以观赏到美丽诗意的自然景观，还能看到古老神秘的文化遗迹。历史悠久的摩天岭在此处矗立，见证着时代的变迁。

曲折险要的摩天岭

摩天岭是位于川、陕、甘三省交界线上的界岭，著名的“阴平古道”就穿过摩天岭。这里因为崎岖不平而少有人经过。

摩天岭的红色背景

摩天岭的一处草坪上每年夏天都会开满红花。红军长征时曾在这里与敌人激战，当地人们便以“红花草地”来命名这处草坪，以表达对红军的感激之情。

摩天岭的传说

三国时魏国大将军邓艾曾带领士兵从阴平偷渡，翻越摩天岭后，又经过唐家河、阴平山，接连攻下了几处关隘要地后，最终进入成都，一举灭了蜀国。

爷爷的科考日志

点将台

点将台是当年邓艾整顿军马的一处突出的高台，也是重要的三国文化载体。站在点将台上，犹如梦回千年之前，看到金戈铁马、鼓角齐鸣的战场。

阴平古道 > 阴平古道是古代的军事要道，邓艾就是经此道直取成都的。红军长征时也曾路过此地。

写字崖 > 写字崖是由于当年邓艾感慨行军艰难，于是在绝壁上题字而得名。从侧面看去，写字崖宛若一位将军坚毅的面庞。

红军桥 > 红军桥是为纪念红军而建的一座石拱桥，它见证了红军奋勇抗敌的历史，连接起了过去和未来。

历史悠久的陕西太白山国家级自然保护区

陕西太白山国家级自然保护区位于秦岭山脉，地貌景观优美独特。第四纪冰川遗迹是地球历史上最近一次大冰川期遗留下来的结果，它们在这里保存完好，从我国西部到东部，现代冰川与古冰川实现了“跨时空”相遇，而太白山就是连接它们的纽带。

风光无限的美景

保护区内气候变化大，形成了差异明显的森林植被。在这里我们能观赏到太白红杉和巴山冷杉组成的唯美林带景观，还有漫山遍野的太白杜鹃热情地包围着独叶草。

高寒神秘的太白山

中国西部的“绿色明珠”太白山，以高、寒、险、奇的特点“统领”着秦岭群峰。“太白积雪六月天”说的就是太白山的独特景观，还有云海之巅、曲径通幽，神秘莫测，值得人们反复探索。

爷爷的科考日志

朱鹮

朱鹮头顶、额、眼周是朱红色，雌雄鸟羽色相近，翅膀下的羽毛是粉红色的，起飞时好像展开的粉红色风筝，被誉为鸟中的“东方宝石”。

深厚的文化底蕴

太白山地区的古文化遗迹内涵非常丰富，多位文人墨客曾在太白山隐居。我国著名诗人李白在《蜀道难》中用“西当太白有鸟道，可以横绝峨眉巅”来形容太白山的高峻壮丽。

爷爷的科考日志

古冰川

古冰川是曾经在地球上出现过的冰川，它们在历史上的寒冷时期广泛发育。现在的冰川槽谷、冰斗等地貌大多是古冰川留下的遗迹。

保护区的生态乐园

陕西太白山国家级自然保护区生态环境复杂，生物多样性丰富，在这里发现了多种珍稀动植物，更有数十种植物是以“太白山”命名的。

巴山冷杉

巴山冷杉是我国的特有树种，也是人工恢复森林时栽种更新的主要树种。它的球果成熟时呈紫黑色，很像放大版的桑葚。它的枝叶富含精油，营养成分高。

太白红杉

太白红杉喜欢与阳光亲密接触，因其生长在高寒地带，生长速度缓慢，林带上段的林木生长状态极差，有时不得不“躺倒”在地上生长，所以目前面临着渐危的现状。

太白杜鹃

太白杜鹃每到夏季便会绽放得热闹而喧腾，像为群山补上了点点红妆。

连香树

连香树是较为古老原始的孑遗植物，受外部环境影响大，因此非常珍贵稀少，需要进行人工引种栽培。

独叶草

独叶草已有上千万年的历史，生存的环境范围狭小，生长要求近乎苛刻，被认为是优异生态环境的“天然指示器”。

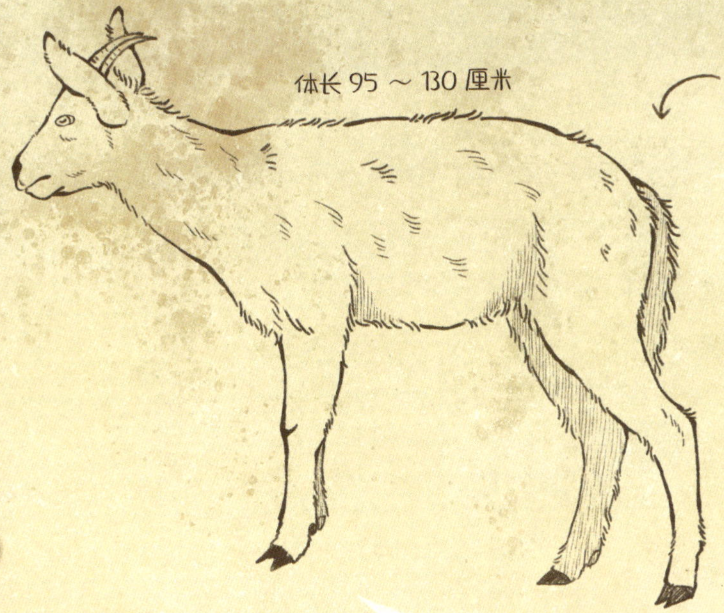

中华斑羚

中华斑羚的四肢粗短健壮，擅长跳跃、攀登，即使在悬崖绝壁间奔走也如履平地，让人联想到“斑羚飞渡”的震撼画面。

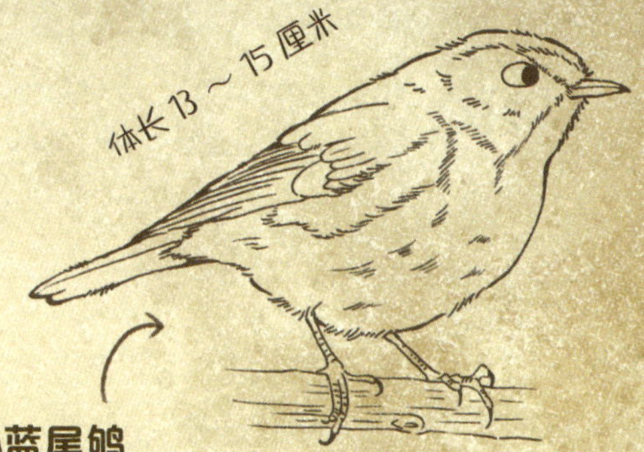

红胁蓝尾鸲

红胁蓝尾鸲小巧可爱，雄鸟的上体表面呈灰蓝色，雌鸟为褐色。它们喜欢以各种昆虫为食，偶尔也吃植物的种子。

大爷海

大爷海被称作秦岭主峰太白山山顶的“仙湖”，属于保存较为完整的典型冰斗湖（冰川沿着山谷向下缓慢流动侵蚀而成的洼地不断扩大、加深并积水而形成的湖泊），湖面不大，却神秘感十足。

拔仙台

拔仙台是秦岭主峰太白山的绝顶。站在拔仙台向下望去，能够饱览整个秦岭的壮美风光，周围的山峰仿佛众星捧月，将拔仙台簇拥在中央。

拔仙台的角峰地貌

角峰是由冰斗围成的山峰。拔仙台三面陡峭，凌空如云，属于较为典型的角峰地貌（由于冰川作用形成的金字塔形尖峰），它的东北坡相对来说更为陡峭。

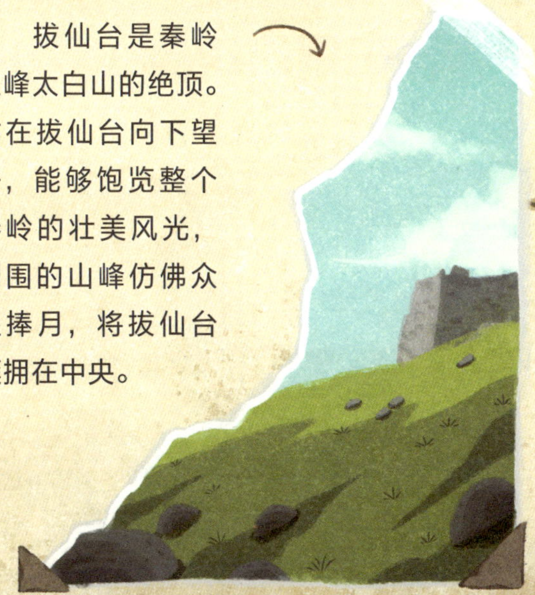

陕西佛坪国家级自然保护区

陕西佛坪国家级自然保护区拥有特殊的山地森林小气候，这里环境温暖湿润，为呆萌可爱的红白鼯鼠等动植物提供了一片舒适的乐土。

特别的棕色大熊猫

棕色大熊猫是一种较为罕见的大熊猫变种，被誉为“宝中之宝”。在佛坪自然保护区内，有当地村民曾发现了棕色大熊猫。

富集优越的水资源

保护区内的河流属长江水系，水资源丰富，主要河流有西河、东河、龙潭河和岳坝河，它们浩浩荡荡汇入金水河，最后流进汉江，为“引汉济渭”工程做出了贡献。

爷爷的科考日志

水青树

水青树是古老的子遗植物，花果细长下垂，很像倒着的绿色麦穗。它对研究被子植物的系统和起源具有重要的科学价值。

红桦

红桦树冠宽大，树皮是独特的紫红色。它喜欢阳光，耐寒耐旱，很少受到病虫的侵害，生命力顽强。

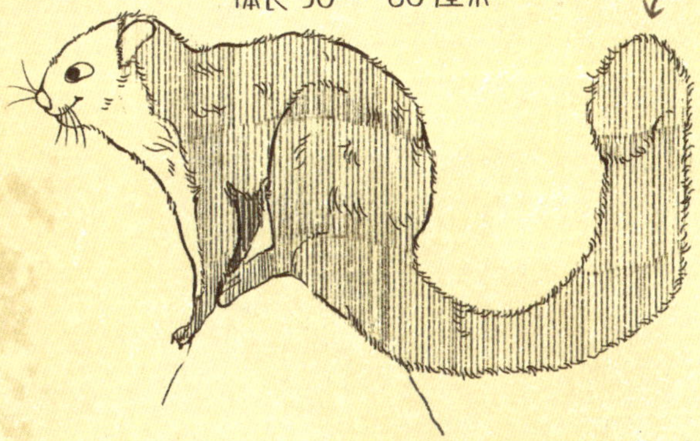

红白鼯鼠

红白鼯鼠和松鼠的体形相似，它没有翅膀却可以滑翔。它的头短而圆，葡萄一样的大眼睛炯炯有神。它喜欢吃树的果实、种子等，冬天常常窝在温暖的树洞或岩洞里冬眠，尾巴就是它的枕头。

“熊猫村庄”——三官庙保护站

三官庙保护站是远离闹市的野生动物伊甸园，到处都是美丽的风景，原始而突出的雄峰峻岭彰显着生命的活力。在这里，人们可以沐浴大山里的阳光，有时还会与大熊猫来一场神奇的邂逅。

神奇的“视野之窗”

三官庙保护站设在秦岭腹地陕西佛坪国家级自然保护区内，所在地附近海拔正好位于农耕生态系统和森林生态系统的分界线上，视野开阔，在这里可以观测到很多美丽的景色。

爷爷的科考日志

山茱萸

山茱萸先开花，后长叶，果实很像小红枣。陕西省汉中市的佛坪县被称为“中国山茱萸之乡”。

与大熊猫的不解之缘

三官庙原本只是秦岭中的一处普通山谷，因为大熊猫在这里的分布密度大，所以建起了保护站，成为热衷大熊猫保护事业者心目中的“圣地”。

飞奔的黄鼬

黄鼬常出没在开阔的平原上，十分擅长奔跑，也能游泳、爬树。它们会如闪电般迅速捕获机警狡猾的猎物。

三官庙保护站的工作

三官庙保护站的工作是监测以野生大熊猫为核心的珍稀动物，时刻关注它们的生存情况，在它们发生意外时及时展开救助，以达到维护生物多样性的目的。

爷爷的科考日志

体长 10 ~ 18 厘米

红嘴相思鸟

红嘴相思鸟的羽毛色彩斑斓。它们性格好动，喜欢上蹿下跳，歌声悦耳，唱歌时会抖动身体，气势十足。

甘肃白水江国家级自然保护区

甘肃白水江国家级自然保护区是甘肃省唯一能够看到北亚热带生物的自然景观区，有高山、流水、茶园，风景如画，美不胜收。

奇特的地貌

甘肃白水江国家级自然保护区属于岷山山系，西面地势高，东面地势低，地势落差特别明显。得天独厚的地理条件，让这里非常适合不同种类的植物和动物生存。

白水江

品茶觅春的好地方

保护区内的茶园连绵不断，每到初春，一边喝茶，一边赏景，是放松身心、体验自然的绝佳选择。

爷爷的科考日志

雀鹰

雀鹰起飞时会快速鼓动翅膀，再持续滑翔一段距离。它们主要以雀类和其他食虫的小型鸟类为食，是勇猛的“单挑王者”。

源源不断的白水江

白水江源于四川省岷山中段，建有多个梯级水电站。流域内风光无限，著名的九寨沟风景名胜区就处在白水江的三级支流上。

物种丰富的白水江保护区

甘肃白水江国家级自然保护区的植物、动物种类丰富。在保护区的低地与高山之间，偶尔还能看见绿尾虹雉借助气流起飞，成群的藏酋猴在玩耍的景象呢！

充足的植物资源

保护区位于亚热带和暖温带的交汇地带，是甘肃省植物最丰富的地区。无论是国家级的保护植物，例如南方红豆杉、西康玉兰，还是经济林树种油桐都能在这里找到。

爷爷的科考日志

藏酋猴

藏酋猴是中国猕猴属动物中体形最大的一种。它们喜欢群居，且每个族群会有 1～3 只成年雄猴首领。遇到敌人时，首领会在队尾保护猴群。

林麝

林麝是一种胆子很小的动物，它们白天休息，早晨和黄昏才出来活动。林麝喜欢独居，还会爬树，很神奇吧！

绿尾虹雉

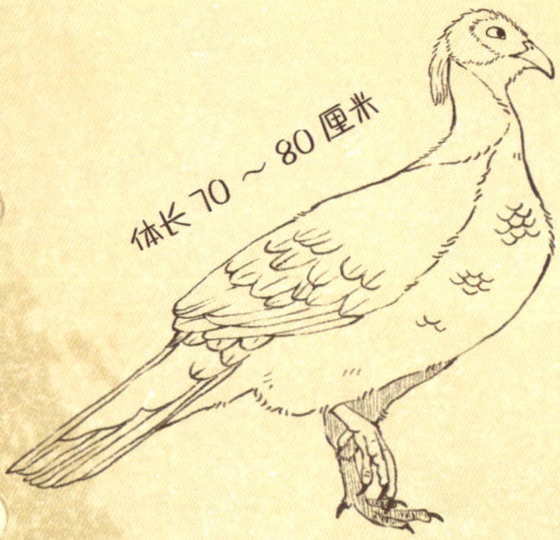

绿尾虹雉的性情机警，听到动静会伸长脖颈观望，如果发现危险就会立刻飞奔逃跑。它们的腿脚强健有力，擅长奔跑，甚至还能自低处向高空盘旋飞翔，这在同类中可不常见。

丰富的动物资源

保护区内的动物种类非常丰富。由于保护区内奇特的地形，这里的小型兽类如黄鼬等大多分布在低海拔地区，而大型兽类，如林麝、大熊猫等多分布在中高海拔区。

多种多样的自然教育

自然教育是让人们在大自然中体验、学习关于自然中的事物、现象及过程。自然教育能够让人们认识、了解并尊重自然，形成爱护、保护自然的意识。让我们一起看看都有哪些自然教育的方法吧！

科普图书、手册和纪录片

人们都很喜欢阅读自然科普图书、手册和观看纪录片这样的科普形式，这两种形式可以带动更多的人探秘自然保护区，了解更多关于生物多样性背后的故事。

自然学堂

自然学堂也叫自然学校，是近年来环境教育的一个新方向。希望人们通过学习、体验、保护自然，可以更加关注我们所生活的世界，从根本上理解和反思自然保护，践行绿色生活。

参观博物馆

很多自然保护区都设立了自然教育基础配套设施，例如唐家河自然博物馆、唐家河奇迹大熊猫体验馆以及中国卧龙大熊猫博物馆。这些博物馆都以大熊猫和大熊猫文化为载体，让人们进一步了解大熊猫，关爱大熊猫。

科学志愿者

自然保护区有时候会招募学生志愿者参与基础工作，也会面向社会招募一些热爱自然生态的志愿者，参与保护区日常保护、调查、宣传工作。

冬夏令营

冬夏令营是为孩子们量身打造的活动。孩子们可以在冬夏令营中，近距离观察大熊猫以及它们的伴生动物。这样的活动会引导孩子们感受自然、欣赏自然，培养他们的独立性、团队合作等品质。

融入自然

融入自然可以是进行深度自然观察，跟随巡护员巡山、学习安装红外相机、寻找动物痕迹等，亲身感受大自然；还可以是体验巡护员的生活，与守护者对话，听巡护员们讲守护自然的故事。这样人们能更好地理解自然法则，传播环保观念。

国际研学班

这是保护区针对国际访问者开展的生态保护和自然体验活动，目的是让国际友人入乡随俗，体验中国文化，并且通过互相交流沟通，我们还能学习国外先进的自然教育理念。

守山人的故事

电影简介：本影片讲述了原本习惯打猎生活的主人公，在大山变成保护区后，思想一点点转变，最后成为一位优秀的守山人的故事。

❶ 守山人原本是一名猎人，大山成为保护区后，他很不习惯。 ❷ 当守山人第一次当向导带着科考队员进山考察时，他很不理解。

❸ 后来守山人开始用他的经验来清除捕兽夹，原本的狩猎者开始向护林人转变，守山人逐渐明白了科考队工作的意义。

❹ 守山的工作既辛苦又危险，没有桥便蹚水过河，下暴雨时还要冒雨查看水位线，有时要走独木桥过河，下大雪还可能被困在山里……

❺ 时间过得飞快，守山人逐渐老去。当他再一次登上熟悉的大山，风吹原野，满目翠绿，他欣慰地笑了。

「ABOUT」关于上尚印象

上尚印象是一个年轻的、充满活力的图书出版品牌。
品牌用专业的能力赋予童书更新颖的现代设计语言和图像风格。产品的阅读人群不仅是儿童，也包括对精品图书着迷的成年人。将知识类童书打造成值得收藏的全年龄段读本，努力开创“没有界限的阅读模式”是我们对产品的无限追求。
上尚印象主创团队从事艺术设计与少儿图书研发二十多年，对儿童出版物具有强烈的敏锐度，主持创作出版的童书达数百种。公司核心团队成员数十人，同时签约多名国内外知名插画家，真正实现了创作自主化模式。团队不仅追求美学与形式化的创新，更加重视选题内容及读者感受。主创成员均来自不同领域，选题研发初期，我们以“小选题”为基础，在各自领域内进行头脑风暴，然后编辑汇总，从而达到“大百科”的知识输出，力争为不同年龄的读者打造出值得收藏的“一本好书”。

「特别感谢」“卷卷爷爷的科考日志”研发组成员

张喆、姜林青、崔佳杰、张博洋、董志刚

「特别介绍」儿童插画师 / 张喆

张喆，儿童插画师，上尚印象签约画手。从事青少年儿童绘画创作十余年，以清新的颜色、细腻的笔触和温暖治愈的绘画风格为读者创造出一个个充满童趣的浪漫世界和一个个鲜活生动的人物形象，为读者带来快乐。目前已出版多部绘画作品，广受欢迎，深受好评。